BEI GRIN MACHT SICH IHR WISSEN BEZAHLT

- Wir veröffentlichen Ihre Hausarbeit, Bachelor- und Masterarbeit

- Ihr eigenes eBook und Buch - weltweit in allen wichtigen Shops

- Verdienen Sie an jedem Verkauf

Jetzt bei www.GRIN.com hochladen und kostenlos publizieren

Jens Markusch

Systembeschreibung einer Magnetischen Aufhängung MA400 unter Verwendung von MatLAB

GRIN Verlag

Bibliografische Information der Deutschen Nationalbibliothek:

Die Deutsche Bibliothek verzeichnet diese Publikation in der Deutschen National-
bibliografie; detaillierte bibliografische Daten sind im Internet über http://dnb.d-
nb.de/ abrufbar.

Impressum:

Copyright © 2005 GRIN Verlag GmbH
Druck und Bindung: Books on Demand GmbH, Norderstedt Germany
ISBN: 978-3-640-82265-2

Dieses Buch bei GRIN:

http://www.grin.com/de/e-book/166166/systembeschreibung-einer-magnetischen-
aufhaengung-ma400-unter-verwendung

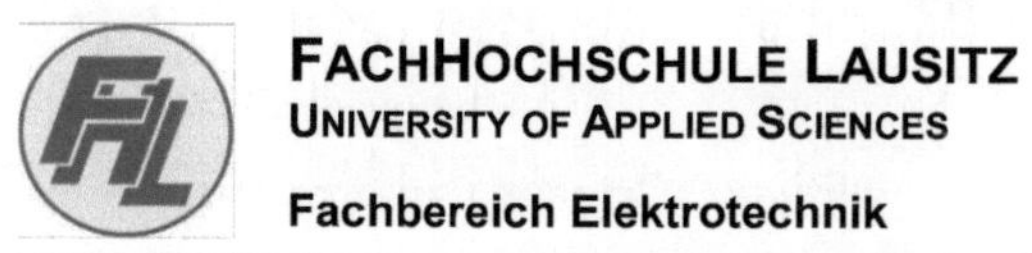

Projektarbeit

Synthese von Regelkreisen I

Aufgabe: **Magnetische Aufhängung**

Verfasser: Jens Markusch

Abgabetermin: Freitag, 10. Juni 2005

Inhaltsverzeichnis

1. BESCHREIBUNG DES SYSTEMS

Aufbau:

Das System der Magnetischen Aufhaengung verhält sich mechanisch gesehen wie eine nichlineare Feder. Zusätzlich besitzt das System einen elektrischen Teil zur Regelung des mechanischen Systems.

Der mechanische Aufbau besteht im wesentlichen aus einem freischwebender Metallkörper (Rotor), welcher an der höchsten Stelle durch einen Elektromagneten gehalten wird. *(siehe Abb. 1)*

Der Elektromagnet besteht aus einem Spulensystem mit 2 Spulen, einer Erreger- bzw. Hilfsspule sowie einer Regelspule. Die Hilfsspule erzeugt ein Magnetfeld welches das Eigengewicht des Metallkörpers aufhebt und damit den Rotor anhebt. Zur genauen Positionierung wird nun die Regelspule mit Hilfe eines Reglers so angesteuert das die Differenz zwischen Soll- und Istwert ausgeglichen werden kann und somit ein stabiler Arbeitspunkt eingestellt werden kann.

Da mit Hilfe des Reglers der Strom in der Spule variiert wird, ändert sich in zeitlicher Abhängigkeit die Stärke des Magnetfeldes. Da eine Induktivität aber keine schnelle Änderung des Stromes zulässt wird ein schnell reagierender Regler benötigt.

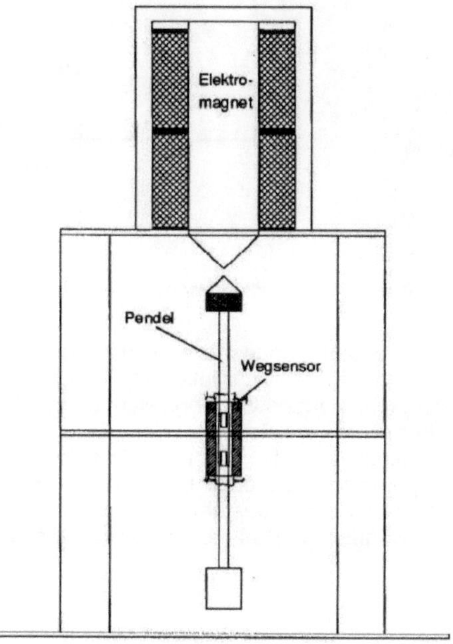

Abb. 1 Mechanischer Aufbau

Die Metallkörperposition, die dem Abstand zwischen Körper und Magnet entspricht, wird mit einem induktiven Wegsensor (LVDT) erfaßt und als Istwert dem Regler zugeführt (Differentialtransformatorprinzip). Der Regler gibt das Stellsignal an das Stellglied (Regelspule) weiter, welches dann die gewünschte Positionsänderung bewirkt.

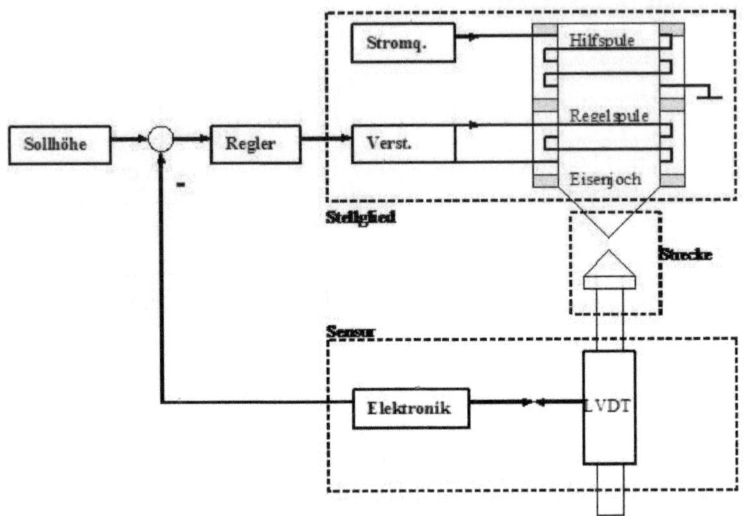

Abb. 2 Blockschaltbild Magnetische Aufhaengung

Die zusammengesetzte Pendelachse besteht aus einem Alumiumstab an dessen oberen Ende ein Metallkegel angebracht ist, während sich am unteren Ende ein entsprechendes Gegengewicht befindet. Die Hauptkomponente des Wegsensors ist ein Ferritkern, welcher bei einer Bewegung des Pendels eine Spannungsänderung im entspechenden Differentialtransformatorsystem erzeugt. Diese Änderung der Spannung wird über Elektronikbauteile angepaßt und dem Regler zugeführt. Der Regler selber besteht aus einem PIDT1- Regler der eine stationäre Genauigkeit gewährleistet. Das dazugehörige Blockschaltbild ist in *Abb. 2* zu sehen.

2. HERLEITUNG DER GLEICHUNGEN DER ÜBERTRAGUNGSGLIEDER

Der geschlossene Regelkreis besteht aus der Regelstrecke [Gs(s)], dem Stellglied [Gsg(s)], dem Regler [Gr(s)] und dem Wegsensor [Gw(s)].

Die Übertragungsfunktion G_{tf} des Regelkreises *(siehe Abb. 3)* lautet:

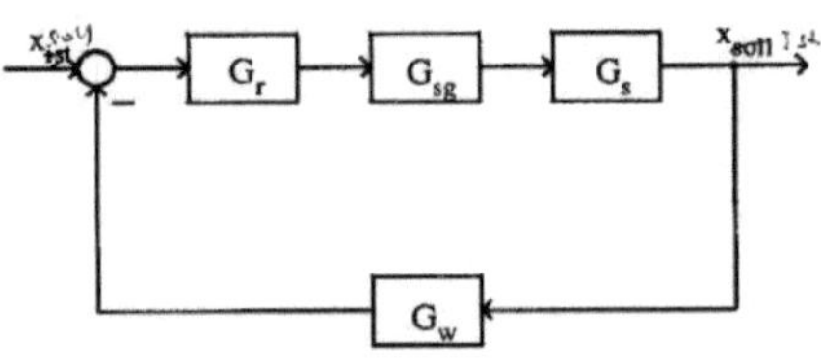

Abb. 3 Struktur geschlossener Regelkreis

$$G_{tf} = \frac{G_r \cdot G_{sg} \cdot G_s}{1 - G_r \cdot G_{sg} \cdot G_s \cdot G_w}$$

2.1. Herleitung der Reglerstrecke ...

Folgende in den Unterlagen gegebene Differentialgleichung *[1.5]* beschreibt die Bewegung des Rotors aus der Gleichgewichtslage:

$$m \cdot \frac{d^{2x}}{dt^2} = -m \cdot g + F_m \qquad \textbf{[1.5]}$$

F_m sowie das Produkt des 1.Newtonschen Axioms der Gewichtskraft $F_g = m * g$ ergeben sich dabei aus den Gleichungen *[1.6]* und *[1.7]*.

$$F_m = c \cdot \frac{i^2}{x^2} \qquad \textbf{[1.6]} \qquad ; \qquad m \cdot g = c \cdot \frac{i_0^2}{x_0^2} \qquad \textbf{[1.7]}$$

Stellt man Gleichung *[1.7]* nach „c" um und setzt diese in *[1.6]* ein, so erhält man:

$$c = m \cdot g \cdot \frac{x_0^2}{i_0^2} \qquad \textbf{[1.7]}$$

$$F_m = \frac{m \cdot g \cdot x_0^2 \cdot i^2}{i_0^2 \cdot x^2} \qquad \qquad \textit{(axiale Kraft des Elektromagneten, Gl. a)}$$

Jetzt muss der Arbeitspunkt mittels einer Taylor-Reihenentwicklung linear approximiert werden. Diese Linearisierung ist notwendig, da F_m des Elektromagneten quadratisch vom Strom i und dem Abstand x des Rotors abhängt, so das sich im Weg-Kraft-Kennlinienfeld parabelförmige Verläufe ergeben. Daraus ist die Errechnung der jeweiligen Gleichgewichtslage im dazugehörigen Arbeitsparameter nur sehr schwer möglich. Aus diesem Grunde wird die angesprochene Funktion mittels der Taylorschen Reihe linearisiert.

Taylor- Reihe:

$$f(x) = \sum_{n=0}^{\infty} \frac{f^{(n)}(x_0)}{n!} \cdot (x - x_0)^n$$

in der ausgeschriebenen Form:

$$f(x) = f(x_0) + \frac{f'(x_0)}{1!} \cdot (x - x_0) + \frac{f''(x_0)}{2!} \cdot (x - x_0)^2 + \frac{f'''(x_0)}{3!} \cdot (x - x_0)^3 + \dots$$

Um auf die lineare Form y = m * x + n zu gelangen, muss die Taylorreihe nach dem 2. Glied abgebrochen werden. Dabei ist n die Funktion

im Entwicklungszentrum x_0:

$$n = f(x_0) = \frac{f(x_0)}{0!} \cdot (x - x_0)^0$$

und m * x entspricht:

$$m \cdot x = f(x) = \frac{f'(x_0)}{1!} \cdot (x - x_0)^1$$

Daraus folgt als Gesamtfunktion der Geradengleichung mit F_m als $f(x_0)$:

$$y = mx + n = f(x) = \frac{f(x_0)}{0!} \cdot (\Delta x_0)^0 + \frac{f'(x_0)}{1!} \cdot (\Delta x_0)^1$$

Nun muss die Taylorentwicklung für die axiale Kraft des Elektromagneten *(Gl. a)* durchgeführt werden. Dabei ist zu beachten das die Taylorentwicklung im Arbeitspunkt sowohl nach dem Strom i, als auch nach dem Abstand x durchzuführen ist. Da i_0 und x_0 dem Strom und dem Abstand im Arbeitspunkt entsprechen muss für die Linearisierung x mit x_0 und i mit i_0 ersetzt werden.

Somit ergibt sich aus dem *1. Teil* der Linearisierung (n):

$$F_m = \frac{m \cdot g \cdot x_0^2 \cdot i^2}{i_0^2 \cdot x^2} \qquad\qquad x \rightarrow x_0 \qquad i \rightarrow i_0$$

so folgt:
$$\Delta F_{m,1} = \frac{m \cdot g \cdot x_0^2 \cdot i_0^2}{i_0^2 \cdot x_0^2} \qquad\qquad \underline{\Delta F_{m,1} = m \cdot g} \qquad\qquad \text{(1. Teil, n)}$$

Der *2. Teil* ergibt sich aus $\dfrac{f'(x_0)}{1!} \cdot (\Delta x_0)^1$, so das für eine Entwicklung nach dem Strom i sich folgender Term ergibt:

Ableitung:
$$F_m = \frac{m \cdot g \cdot x_0^2 \cdot i^2}{i_0^2 \cdot x^2} = \frac{m \cdot g \cdot x_0^2}{i_0^2 \cdot x^2} \cdot i^2$$

$$\frac{\delta F_m}{\delta i} = \frac{m \cdot g \cdot x_0^2}{i_0^2 \cdot x^2} \cdot 2 \cdot i$$

2. Glied nach i:

$$\Delta F_{m,2} = \frac{F'_m(i)}{1!} \cdot (\Delta i)^1 = \frac{m \cdot g \cdot x_0^2}{i_0^2 \cdot x^2} \cdot 2 \cdot i \cdot \Delta i \qquad x \rightarrow x_0 \qquad i \rightarrow i_0$$

$$\Delta F_{m,2} = \frac{m \cdot g \cdot x_0^2 \cdot 2 \cdot i_0}{i_0^2 \cdot x_0^2} \cdot \Delta i$$

$$\Delta F_{m,2} = \frac{m \cdot g \cdot 2}{i_0} \cdot \Delta i \qquad\qquad \text{(2.Teil, mx für i)}$$

Für die Entwicklung des **2. Teils** nach x ergibt sich dann analog:

Ableitung:
$$F_m = \frac{m \cdot g \cdot x_0^2 \cdot i^2}{i_0^2 \cdot x^2} = \frac{m \cdot g \cdot x_0^2 \cdot i^2}{i_0^2} \cdot \frac{1}{x^2}$$

$$\frac{\delta F_m}{\delta x} = \frac{m \cdot g \cdot x_0^2 \cdot i^2}{i_0^2} \cdot \frac{-2}{x^3}$$

2. Glied nach x:

$$\Delta F_{m,3} = \frac{F'_m(x)}{1!} \cdot (\Delta x)^1 = \frac{m \cdot g \cdot x_0^2 \cdot i^2}{i_0^2} \cdot \frac{-2}{x^3} \cdot \Delta x \quad x \rightarrow x_0 \quad i \rightarrow i_0$$

$$\Delta F_{m,3} = \frac{-2 \cdot m \cdot g \cdot x_0^2 \cdot i_0^2}{i_0^2 \cdot x_0^3} \cdot \Delta x$$

$$\Delta F_{m,3} = \frac{-2 \cdot m \cdot g}{x_0} \cdot \Delta x \qquad\qquad \text{(2.Teil, mx für x)}$$

Für die **gesamtaxiale Kraft F_m** des Elektromagneten ergibt sich damit aus:

$$\Delta F_m = \Delta F_{m,1} + \Delta F_{m,2} + \Delta F_{m,3}$$

$$\Delta F_m = m \cdot g - \frac{2 \cdot m \cdot g}{x_0} \cdot \Delta x + \frac{2 \cdot m \cdot g}{i_0} \cdot \Delta i \quad \textit{(axiale Kraft des Elektromagneten, Gl. b)}$$

Diese über die Taylorreihenentwicklung ermittelte axiale Kraft des Elektromagneten muss nun in die Bewegungsgleichung des Rotors *[1.5]* eingesetzt werden:

$$m \cdot \frac{d^{2x}}{dt^2} = -m \cdot g + m \cdot g - \frac{2 \cdot m \cdot g}{x_0} \cdot \Delta x + \frac{2 \cdot m \cdot g}{i_0} \cdot \Delta i$$

$$m \cdot \frac{d^{2x}}{dt^2} = -\frac{2 \cdot m \cdot g}{x_0} \cdot \Delta x + \frac{2 \cdot m \cdot g}{i_0} \cdot \Delta i$$

$$m \cdot \frac{d^{2x}}{dt^2} = m \cdot \left(-\frac{2 \cdot g}{x_0} \cdot \Delta x + \frac{2 \cdot g}{i_0} \cdot \Delta i \right)$$

Daraus erhält man nun die in der Dokumentation mit *[1.9]* bezeichnete um den Arbeitspunkt linearisierte Bewegungsgleichung für kleine Auslenkungen:

$$\frac{d^{2x}}{dt^2} = -\frac{2 \cdot g}{x_0} \cdot \Delta x + \frac{2 \cdot g}{i_0} \cdot \Delta i \qquad \textbf{[1.9]}$$

Die erhaltene Bewegungsgleichung *[1.9]* muss nun in die Laplace- Ebene („mittels des Laplace- Operatos s") überführt werden:

$$s^2 \cdot x(s) = -\frac{2 \cdot g}{x_0} \cdot x(s) + \frac{2 \cdot g}{i_0} \cdot i(s)$$

$$s^2 \cdot x(s) + \frac{2 \cdot g}{x_0} \cdot x(s) = \frac{2 \cdot g}{i_0} \cdot i(s)$$

Nun kann die Übertragungsfunktion der Regelstrecke $G_s(s) = \frac{x(s)}{i(s)}$ aufgestellt werden:

$$x(s) \cdot \left(s^2 + \frac{2 \cdot g}{x_0} \right) = \frac{2 \cdot g}{i_0} \cdot i(s)$$

$$G_s(s) = \frac{x(s)}{i(s)} = \frac{\dfrac{2 \cdot g}{i_0}}{s^2 + \dfrac{2 \cdot g}{x_0}} \qquad \textbf{[1.10]}$$

Man erhält die Übertragungsfunktion der Regelstrecke *[1.10]* wie in der Dokumentation angegeben.

2.2. Herleitung des Stellgliedes ...

Da der Elektromagnet als eine Reihenschaltung einer Spule und eines Widerstandes
zu betrachten ist, ergibt sich im Zeitbereich folgende Differentialgleichung *[1.12]*:

$$u(t) = L \cdot \frac{di}{dt} + R \cdot i \qquad [1.12]$$

Um die Übertragungsfunktion des Stellgliedes aufzustellen muss diese Gleichung nun
in die Laplace- Ebene überführt werden:

$$u(s) = L \cdot s \cdot i(s) + R \cdot i(s)$$

$$u(s) = i(s) \cdot (L \cdot s + R)$$

Nun lässt sich daraus die Übertragungsfunktion als $G_{sg}(s) = \dfrac{i(s)}{u(s)}$ des Stellgliedes
aufstellen:

$$G_{sg}(s) = \frac{i(s)}{u(s)} = \frac{1}{L \cdot s + R} = \frac{\not{L}}{\not{L}} \cdot \frac{\dfrac{1}{L}}{s + \dfrac{R}{L}}$$

$$G_{sg}(s) = \frac{\dfrac{1}{L}}{s + \dfrac{R}{L}}$$

Es ergibt sich die Übertragungsfunktion des Stellgliedes.

2.3. Herleitung des Wegsensors ...

Da der Wegsensor als linearer Weg- Spannungs- Umformer mit konstanter Verstär-
kung angesehen werden kann, ist die Übertragungsfunktion identisch mit der eines Pro-
portionalgliedes *[1.16]*:

$$\frac{U(s)}{X(s)} = G_w(s) = K_w \qquad [1.16]$$

3. Notwendigkeit einer Linearisierung

Wie bereits unter *Punkt 2.1* beschrieben wurde, ist die Linearisierung für die axiale Kraft F_m des Elektromagneten notwendig, da diese quadratisch vom Strom i und dem Abstand x des Rotors abhängt, so das sich im Weg-Kraft-Kennlinienfeld parabelförmige Verläufe ergeben.
Somit ist die Errechnung der jeweiligen Gleichgewichtslage im dazugehörigen Arbeitsparameter nur sehr schwer möglich.

Aus diesem Grunde wird die angesprochene Funktion *wie bereits bei 2.1 durch-geführt*, mittels einer Taylorschen Reihe linearisiert.

4. Modellierung des Systems im Matlab/ Simulink

Zur Modellierung des Sytems ist es notwendig eine Untersuchung der einzelnen Systembestandteile durchzuführen. Dazu soll zunächst eine Untersuchung des Stellgliedes, der Strecke und des Wegsensors stattfinden. Am Ende werden alle Komponenten zusammgeführt dargestellt.

4.1. Einzelbetrachtung des Stellgliedes

Da im vorhergehenden Abschnitt $G_{sg}(s)$ folgendermaßen berechnet wurde:

$$G_{sg}(s) = \frac{\dfrac{1}{L}}{s + \dfrac{R}{L}}$$ ergibt sich durch Koeff.-vergleich für das allgemeine VZ1- Glied

$$\frac{i(s)}{u(s)} = G_{sg}(s) = \frac{K_V}{s + \dfrac{1}{T_V}} \qquad \textbf{[1.13]} \qquad \text{mit} \quad K_V = \frac{1}{L} \qquad \text{und} \quad \frac{1}{T_V} = \frac{R}{L}$$

Nun werden die jeweiligen Parameter aus der Versuchsanleitung in die Gleichung eingesetzt. Die gegebenen Werte für T_V sowie K_V findet man im Abschnitt 2.2.1. der Anleitung. Es ergibt sich:

$$T_V = 1,5\,ms = 0,0015\,s \qquad\qquad K_V = \frac{i}{u \cdot T_V} = 63,333\,\frac{A}{V \cdot s}$$

Somit folgt das zu untersuchende Übertragungssignal des Stellgliedes als:

$$\frac{i(s)}{u(s)} = G_{sg}(s) = \frac{63,333}{s + \dfrac{1}{0,0015\,s}}$$

4.2. Einzelbetrachtung der Regelstrecke

Wie bereits im Punkt 2 ermittelt besitzt die Strecke folgende Übertragungsfunktion:

$$G_s(s) = \frac{x(s)}{i(s)} = \frac{\dfrac{2 \cdot g}{i_0}}{s^2 + \dfrac{2 \cdot g}{x_0}}$$

Hierbei ist g die Erdbeschleunigung von 9.80665 m/s² und der Wert für i_0 ist aus dem **Diagramm 2.3** der Anleitung zu entnehmen. Im **Textabschnitt 2.2.2** wird für den Abstand Rotor- Magnet von 1mm ein Strom von 293 mA gemessen. Diese Werte wurden für x0 und i0 in die Untersuchung einbezogen. Die untersuchte Übertragungsfunktion der Strecke lautete somit:

$$\frac{x(s)}{i(s)} = G_s(s) = = \frac{66{,}962}{s^2 + 19613{,}3}$$

4.3. Einzelbetrachtung des Wegsensors ...

Im **Abschnitt 2.2.3.** der Anleitung wird K_w mit 4 V/mm angegeben. So ergibt sich:

$$\frac{U(s)}{X(s)} = G_w(s) = K_w = 4 \ \frac{V}{mm}$$

4.4. Einzeldarstellung der Komponenten (Stellglied, Regelstrecke, Wegsensor) ...

a) Darstellung der Sprungantworten

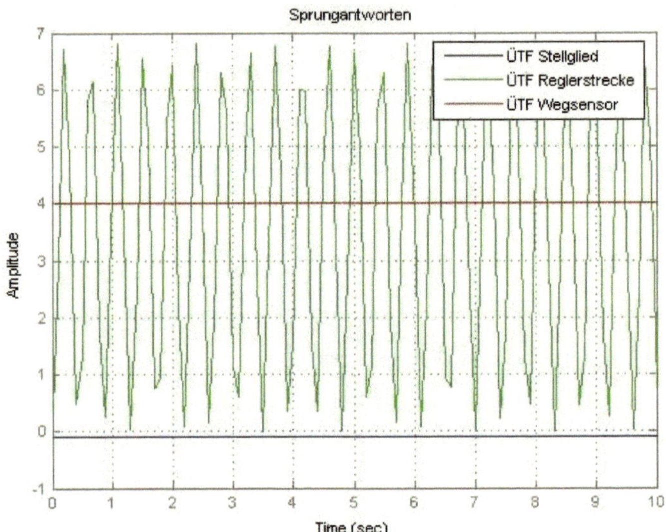

Abb. 4 Darstellung der Sprungantworten des Stellgliedes, der Reglerstrecke und des Wegsensors

Die Sprungantwort der Regelstrecke zeigt sich, wie in ***Abb. 4*** zu sehen ist, als ungedämpfte Schwingung. Das Stellglied, sowie der Wegsensor weisen vom Übertragungsverhalten her eine stabile Endlage auf.

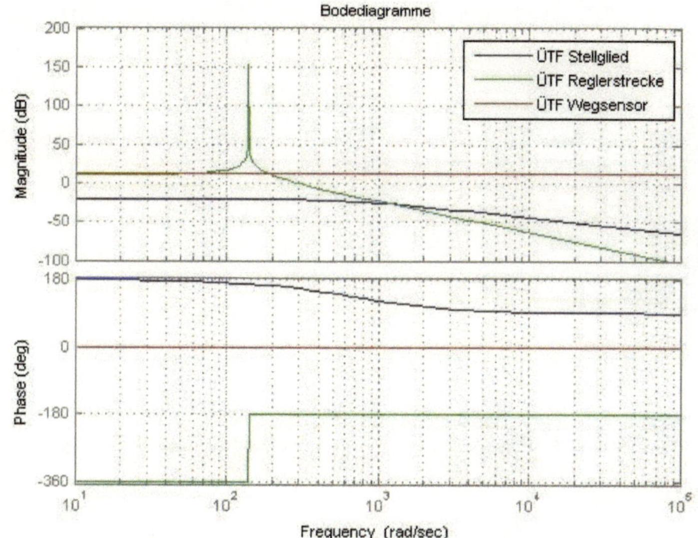

Abb. 5 Darstellung der Bodediagramme des Stellgliedes, der Reglerstrecke und des Wegsensors

In der logarithmischen Darstellung der Amplitudenbetragskennlinie zeigt sich die Instabilität der Regelstrecke, wie bereits in der Sprungantwort erläutert, erneut. Dies ist durch den Peak bei ω = 150 rad/sec zu begründen. (siehe **Abb. 5**)

Anhand der Wurzelverteilung in **Abb. 6**, lässt sich die Stabilität des Stellgliedes als asymptotisch stabil beurteilen, da die Nullstelle links der imäginären Achse liegt. Die Regelstrecke dagegen ist asymptotisch grenzstabil, da die Nullstellen genau auf der imaginären Achse liegen. (siehe **Abb. 6**)

c) Darstellung der Stabilität (Polstellen)

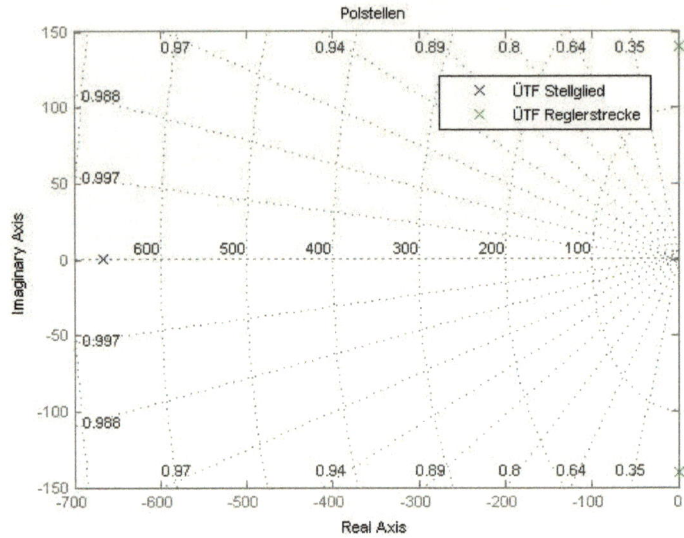

Abb. 6 Darstellung der Polstellen des Stellgliedes und der Reglerstrecke als Stabilitätskriterium

4.5. Zusammenschaltung des Systems ohne Regler ...

Nun wird im folgenden das Übertragungsverhalten des kompletten Systems, ohne Regler dargestellt. Nach Zusammenschaltung der Regelstrecke, des Stellgliedes und des Wegsensors, ergibt sich im folgenden das Blockschaltbild entsprechend *Abb. 7*.

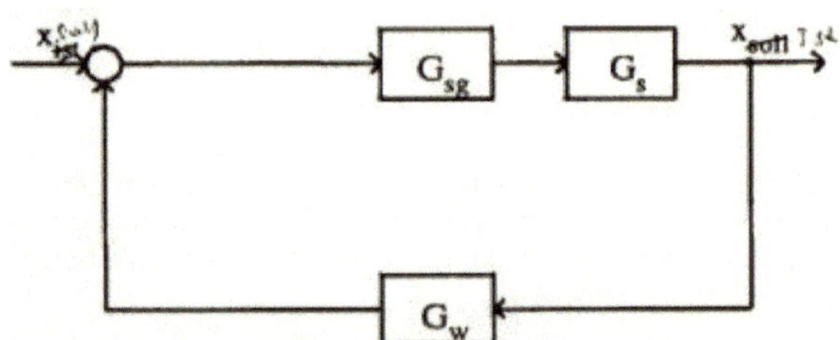

Abb. 7 Blockschaltbild des Systems ohne Reglerfunktion

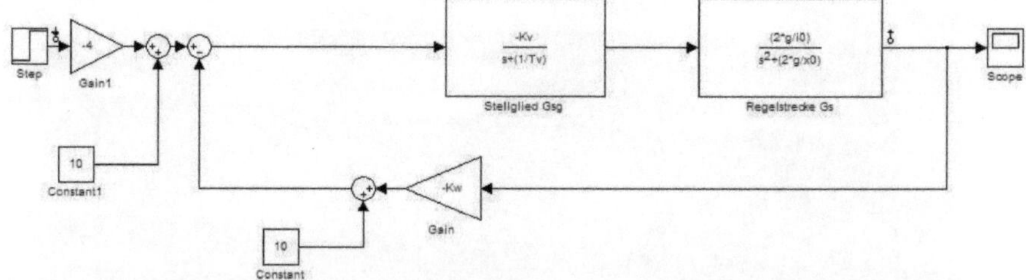

Abb. 8 Allgemeine Abbildung des Modells im Matlab/Simulink- Des Zusammengeschalteten Systems ohne Regler (ohne Werte)

Bei der Modellbildung des Systems ohne Regler ist zu beachten, dass K_v des Stellgliedes negativ anzunehmen ist, da die Bewegungsrichtung des Stellmotors entgegen der Erdanziehungskraft wirken muss, um das System auszuregeln.

Bei der Übertragungsfunktion des Wegsensors ist zu beachten, dass dieser ein Spannungssignal von +10V für einen IST-Abstand von 2,5mm ausgibt. Bei einem IST-Abstand von -2,5mm gibt er ein Signal von -10V aus. Dieses Problem muß bei der Simulation durch den Einbau einer Konstante entsprechend beachtet werden.

Das K_W wird ebenfalls negativ angenommen, damit die Systemantwort am Ausgang des Systems positiv wird und das negative Vorzeichen des K_v aufhebt.

Durch Einsetzen der gegebenen Werte in das allgemeine Modell aus ***Abb. 8*** erhält man das Simulationsmodell des Systems ohne Regler:

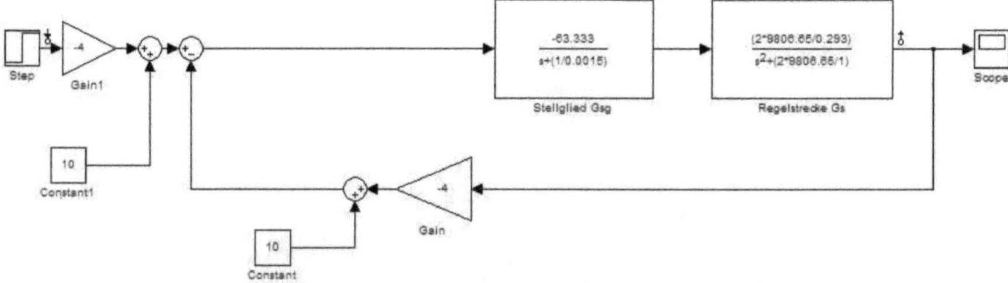

Abb. 9 Modellbildung des Systems ohne Regler mit den Wertevorgaben der Versuchsanleitung

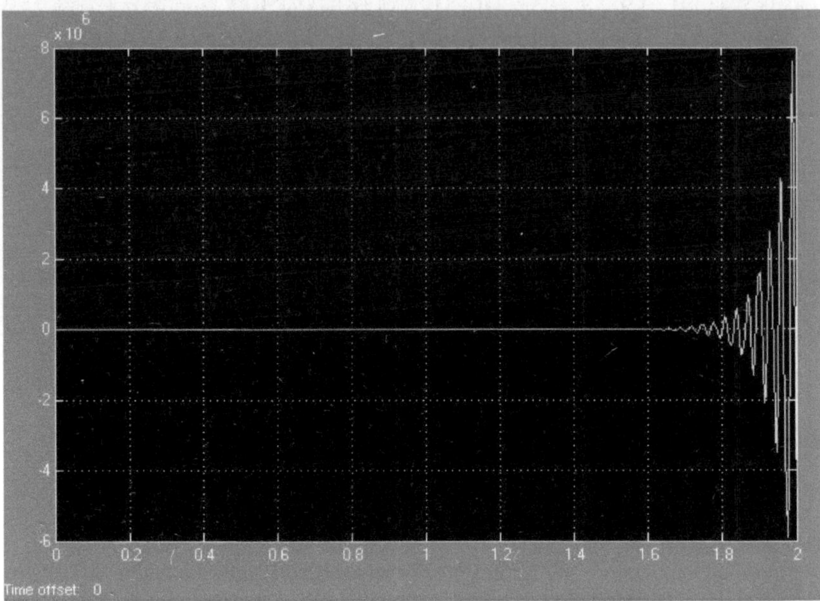

Abb. 10 Sprungantwort des magnetischen Aufhängungssystems ohne Regler

Anhand der Sprungantwort des Systems ohne Regler *(Abb. 10)* ist zu erkennen, das es sich instabil verhält und sich aufschwingt. Um die Stabilität des Regelkreises zu gewährleisten wird eine entsprechende Stellgröße in Form eines Reglers benötigt.

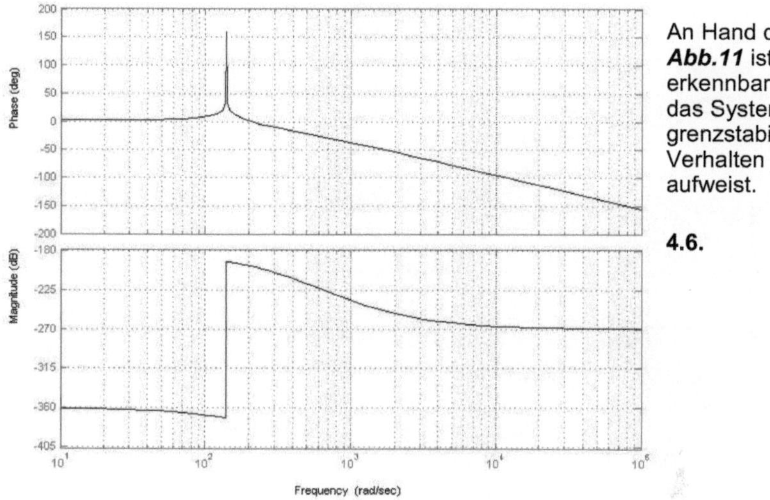

An Hand der **Abb.11** ist erkennbar, dass das System ein grenzstabiles PT3 Verhalten aufweist.

4.6.

Abb. 11Bodediagramm des grenzstabilen Systems ohne Regler

Zusammenschaltung des Systems mit dem Regler der Versuchsanleitung ...

Im folgenden wird, wie in der Dokumentation vorgeschlagen, ein PIDT$_1$- Regler zur Stabilisierung des Systems eingesetzt.

Mit der allgemeinen Übertragungsfunktion G$_r$(s) des PIDT$_1$- Reglers *[1.14]* aus der Versuchsanleitung ergibt sich mit den aus der Anleitung eingesetzten Werten die resultierende Struktur, wie in **Abb. 12** zu sehen ist. (Bode- Diagramm **Abb.13**)

$$G_r(s) = \frac{s^2 \cdot (K_p \cdot T_1 + K_d) + s \cdot (K_p + K_i \cdot T_1) + K_i}{s^2 \cdot T_1 + s} \qquad \textbf{[1.14]}$$

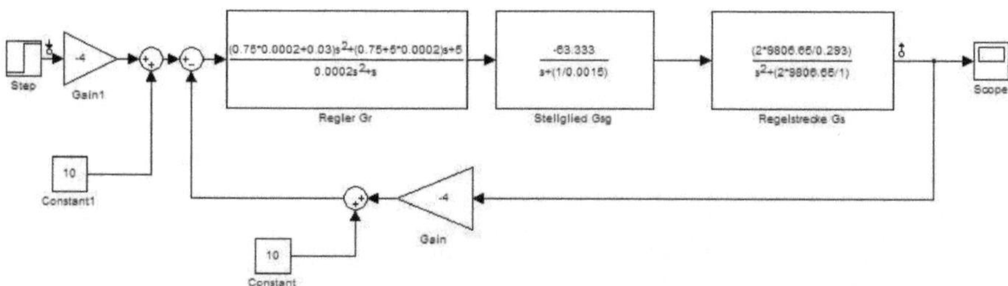

Abb. 12 Modellbildung des vollständigen Systems mit dem PIDT$_1$- Regler aus der AMIRA- Dokumentation

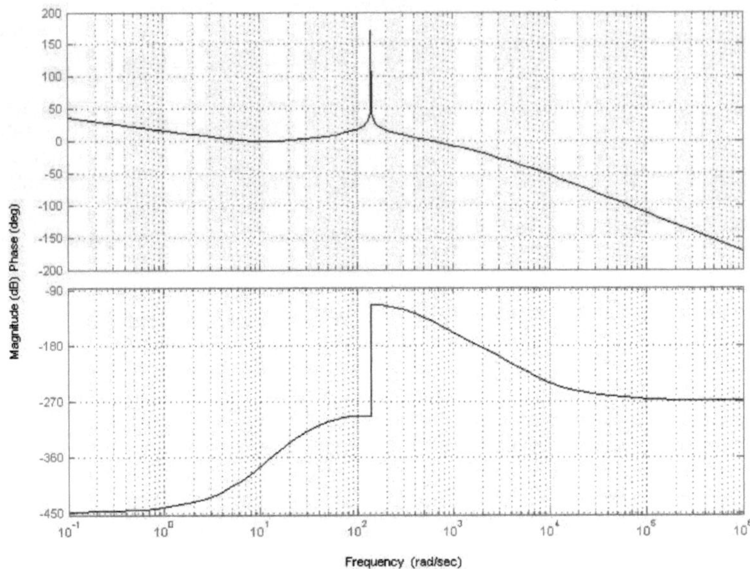

Abb. 13 Bodediagramm des Systems mit PIDT1- Regler

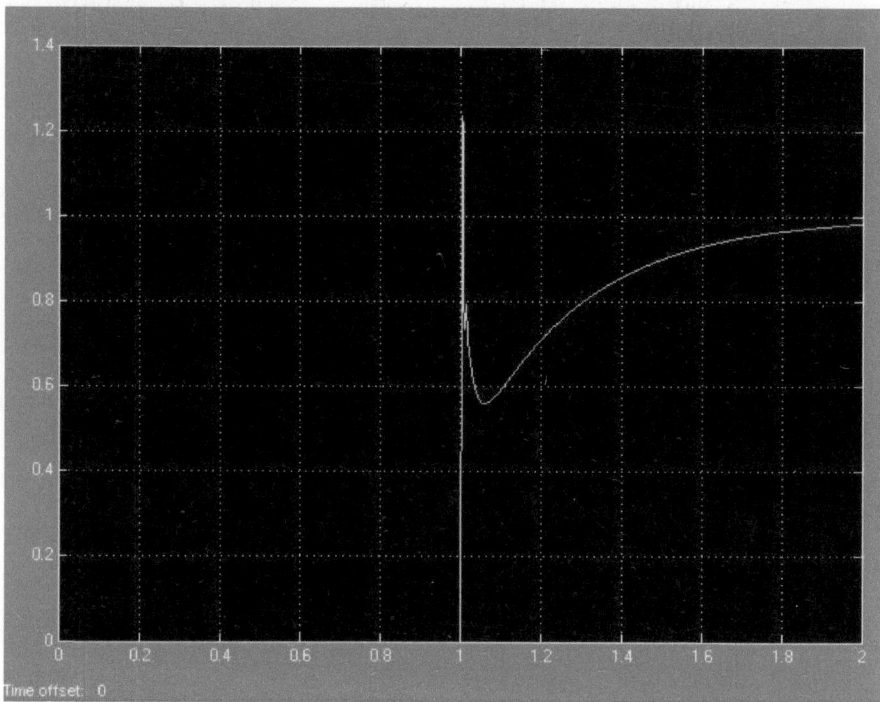

Abb. 14 Sprungantwort des vollständigen Systems mit PIDT$_1$

Die Sprungantwort des vollständigen Systems mit PIDT1-Regler ist jetzt stabil. Nun soll
die entstandene Spitze minimiert werden. Dazu muss ein neuer Regler entworfen
werden. Verwendet wird hierzu im folgenden das **Kompensationsverfahren.**

(siehe Punkt 5)

5. REGLERENTWURF

5.1. Optimierter Reglerentwurf nach dem Kompensationsverfahren ...

Die Grundidee des Kompensationsverfahren ist die Kompensation des Streckenverhaltens und das Einhalten des vorgegebenen Führungsverhaltens. Hierbei läuft das eigentliche Verfahren der Kompensation in zwei Schritten ab. Als erstes wird für das Gesamtübertragungsverhalten des geschlossenen Regelkreises ein gewünschtes Verhalten in Form einer Übertragungsfunktion „Gw(s)" vorgegeben.

Anschließenden wird aus G_w(s) und G_S(s) durch Umstellen der Regler G_R(s) berechnet. Der Vorteil des Kompensationsverfahrens liegt darin das es für die zu behandelnde Strecke G_s(s) keine Einschränkungen gibt. Allerdings ist der entworfene Regler in der Praxis nicht immer elektronisch realisierbar und von der Wahl des gewünschten Führungsverhalten G_w(s) abhängig.

Um Verwechslung des gewünschten Verhaltens Gw(s) mit dem Wegsensor auszuschließen wird detzterer im folgenden mit G_{ws}(s) bezeichnet. (Umbenennung)

Für die generelle Berechnung des Reglers aus Gw(s) und Gs(s), ergibt sich für:

$$G_w(s) = \frac{G_R(s) \cdot G_S(s) \cdot G_{SG}(s)}{1 + G_{WS}(s) \cdot G_R(s) \cdot G_S(s) \cdot G_{SG}(s)}$$

Umstellung nach G_R(s):

$$G_w(s) + G_w(s) \cdot G_{WS}(s) \cdot G_R(s) \cdot G_S(s) \cdot G_{SG}(s) = G_R(s) \cdot G_S(s) \cdot G_{SG}(s)$$

$$G_w(s) = G_R(s) \cdot G_S(s) \cdot G_{SG}(s) - G_w(s) \cdot G_{WS}(s) \cdot G_R(s) \cdot G_S(s) \cdot G_{SG}(s)$$

$$G_w(s) = G_R(s) \cdot (G_S(s) \cdot G_{SG}(s) - G_w(s) \cdot G_{WS}(s) \cdot G_S(s) \cdot G_{SG}(s))$$

$$G_R(s) = \frac{G_w(s)}{G_S(s) \cdot G_{SG}(s) - G_w(s) \cdot G_{WS}(s) \cdot G_S(s) \cdot G_{SG}(s)} \qquad \text{(Gl. c))}$$

Als Wunschverhalten G_w(s) muss mindestens ein PT3- Verhalten angestrebt um die Reglerstruktur im Matlab/Simulink simulieren zu können. Damit wird G_w(s) vorgegeben mit:

$$G_w(s) = \frac{1}{(T_w s + 1)^3} = \frac{1}{(T_w s)^3 + 3 \cdot (T_w s)^2 + 3 \cdot (T_w s) + 1}$$

Nun erfolgt das Einsetzen der vorgegeben Gleichungen für das Stellglied die Regelstrecke, den Wegsensor, sowie das gewünschte Verhalten in die Reglergleichung **(Gleichung c)**:

$$G_R(s) = \cfrac{\cfrac{1}{(T_w s+1)^3}}{\cfrac{\frac{2 \cdot g}{i_0}}{s^2 + \frac{2 \cdot g}{x_0}} \cdot \frac{-K_V}{s + \frac{1}{T_V}} - \frac{1}{(T_w s+1)^3} \cdot -K_W \cdot \cfrac{\frac{2 \cdot g}{i_0}}{s^2 + \frac{2 \cdot g}{x_0}} \cdot \frac{-K_V}{s + \frac{1}{T_V}}}$$

$$G_R(s) = \cfrac{\cfrac{1}{(T_w s+1)^3}}{\cfrac{\frac{2 \cdot g}{i_0} \cdot -K_V}{(s^2 + \frac{2 \cdot g}{x_0}) \cdot (s + \frac{1}{T_V})} - \cfrac{-K_W \cdot \frac{2 \cdot g}{i_0} \cdot -K_V}{(T_w s+1)^3 \cdot (s^2 + \frac{2 \cdot g}{x_0}) \cdot (s + \frac{1}{T_V})}}$$

$$G_R(s) = \cfrac{\cfrac{1}{\cancel{(T_w s+1)^3}}}{\cfrac{\frac{2 \cdot g}{i_0} \cdot -K_V \cdot (T_w s+1)^3 - (-K_W \cdot \frac{2 \cdot g}{i_0} \cdot -K_V)}{\cancel{(T_w s+1)^3} \cdot (s^2 + \frac{2 \cdot g}{x_0}) \cdot (s + \frac{1}{T_V})}}$$

$$G_R(s) = \cfrac{(s^2 + \frac{2 \cdot g}{x_0}) \cdot (s + \frac{1}{T_V})}{\frac{2 \cdot g}{i_0} \cdot -K_V \cdot (T_w s+1)^3 - (-K_W \cdot \frac{2 \cdot g}{i_0} \cdot -K_V)}$$

$$G_R(s) = \cfrac{(s^2 + \frac{2 \cdot g}{x_0}) \cdot (s + \frac{1}{T_V})}{\cfrac{2 \cdot g \cdot -K_V \cdot ((T_w s)^3 + 3 \cdot (T_w s)^2 + 3 \text{cdot}(T_w s)+1) - (-K_W \cdot 2 \cdot g \cdot -K_V)}{i_0}}$$

$$G_R(s) = \cfrac{(s^2 + \frac{2 \cdot g}{x_0}) \cdot (s + \frac{1}{T_V}) \cdot i_0}{2 \cdot g \cdot -K_V \cdot ((T_w s)^3 + 3 \cdot (T_w s)^2 + 3 \text{cdot}(T_w s)+1) - (-K_W \cdot 2 \cdot g \cdot -K_V)}$$

ausmultipliziert ergibt sich:

$$G_R(s) = \cfrac{\dfrac{s^3\cdot(i_0 \cdot x_0 \cdot T_V) \;+\; s^2\cdot(i_0 \cdot x_0) \;+\; s\cdot(i_0 \cdot T_V) \;+\; 2g \cdot i_0}{x_0 \cdot T_V}}{s^3\cdot(-2g\cdot K_V\cdot T_W^3) \;-\; s^2\cdot(6g\cdot K_V\cdot T_W^2) \;-\; s\cdot(6g\cdot K_V\cdot T_W) \;+\; (-2g\cdot K_V(1+K_W))}$$

es ergibt sich die Endform des neuen Reglers nach der Kompensationsmethode mit:

$$G_R(s)=\frac{s^3\cdot(i_0 \cdot x_0 \cdot T_V) \;+\; s^2\cdot(i_0 \cdot x_0) \;+\; s\cdot(i_0 \cdot T_V) \;+\; 2g \cdot i_0}{s^3\cdot(-2g\,K_V\,T_W^3\,x_0\,T_V)-s^2\cdot(6g\,K_V\,T_W^2\,x_0\,T_V)-s\cdot(6g\,K_V\,T_W\,x_0\,T_V)+(-2g\,x_0\,T_V\,K_V(1+K_W))}$$

Wie bereits bei der Zusammenschaltung der Systems ohne Regler unter 4.5 erläutert worden ist, muss zur Simulation sowohl das K_V als auch das K_W als negativ angenommen werden (Vorzeichenwechsel), so das für den Regler folgende Struktur entsteht:

$$G_R(s)=\frac{s^3\cdot(i_0 \cdot x_0 \cdot T_V) \;+\; s^2\cdot(i_0 \cdot x_0) \;+\; s\cdot(i_0 \cdot T_V) \;+\; 2g \cdot i_0}{s^3\cdot(2g\,K_V\,T_W^3\,x_0\,T_V)+s^2\cdot(6g\,K_V\,T_W^2\,x_0\,T_V)+s\cdot(6g\,K_V\,T_W\,x_0\,T_V)+(2g\,x_0\,T_V\,K_V(1-K_W))}$$

5.2. Simulation des entworfenen Reglers ...

Das neue Modell mit dem optimierten Regler kann im Simulink allgemein dargestellt werden *(Abb. 15)*:

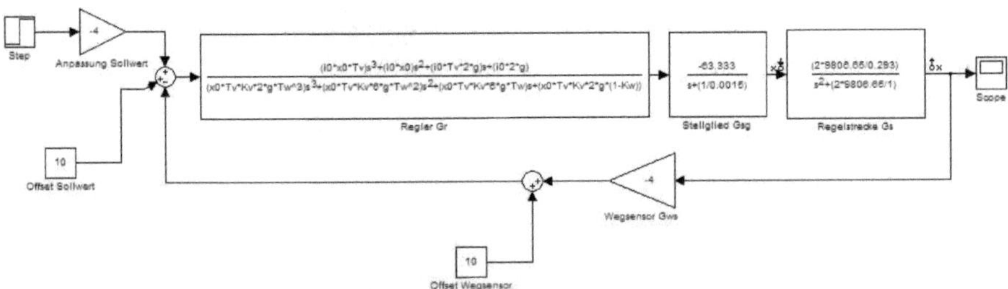

Abb. 15 Modellbildung des Systems mit Regler nach dem Kompensationsverfahren, allgemein

Mit den eingesetzten Zahlenwerten kann daraus die quantitative Darstellung erfolgen *(siehe Abb. 16)*. Die einzusetzenden Zahlenwerte hierfür lauten:

$i_0 = 0{,}293$ A $\qquad\qquad\qquad x_0 = 1$ mm

$T_V = T_W = 0{,}0015$ s $\qquad\qquad g = 9806{,}65$ mm/s^2

$K_V = -63{,}333$ $\qquad\qquad\qquad K_W = -4$

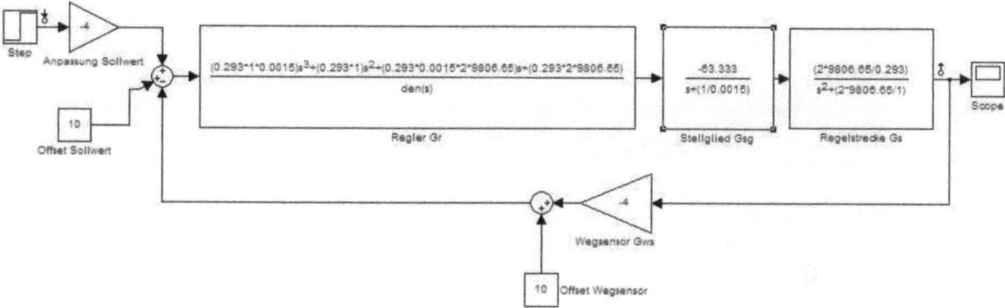

Abb. 16Modellbildung des Systems mit Regler nach dem Kompensationsverfahren, quantitativ

Aus den berechneten Werten ergibt sich mit dem neu entwickelten Regler das Verhalten der Sprungantwort als wesentlich dynamischer, als beim vorgegebenen PIDT$_1$- Regler aus der Versuchsanleitung. Nach nur ca 1/10 der vorher benötigten Zeit erreicht der Regler das gewünschte Führungsverhalten in Form des stationären Endwertes. *(siehe Abb. 17)*

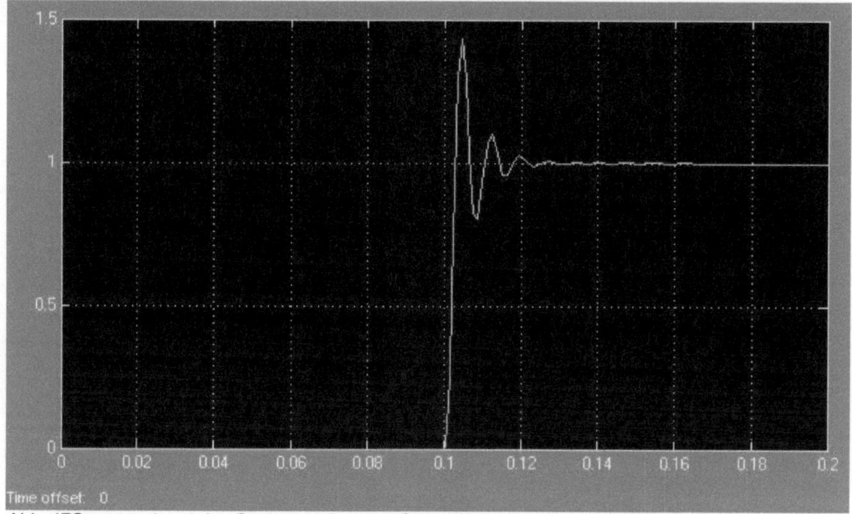

Abb. 17Sprungantwort des Systems mit entworfenem Kompensationsregler

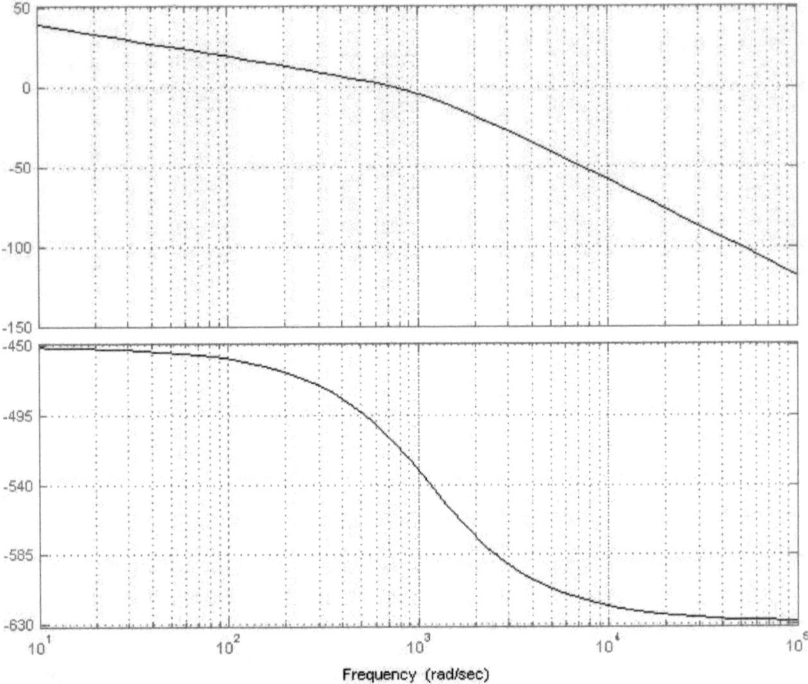

Abb. 18 Bodediagramm des Systems mit dem berechneten Kompensationsregler